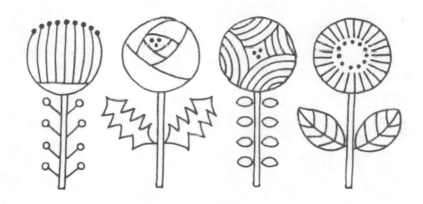

簡 約 輕 手 作

單 色 刺 繡
圖 案 集

樋 口 愉 美 子／設 計·製 作
許 倩 珮／譯

前 言

從繽紛多彩的繡線中挑選一色來完成的刺繡作品就稱作「單色刺繡」。

因為只有一色，所以初學者也能輕易上手，

即使是有點複雜的圖案也能漂亮完成。

透過針法的搭配組合，

就能改變表情、增加立體感等等也是單色刺繡的魅力所在。

本書介紹的都是簡單樸實、

無論小孩或大人都能廣泛使用的圖案。

而且所有的圖案都能加工製成小巧的雜貨。

每一件都是使用和繡線最搭配的亞麻布製成，柔軟舒適又令人自豪的雜貨。

本書中刊載了大大小小各式各樣的圖案。

可直接拿來刺繡，

也可以挑出圖案當中最喜歡的部分來使用。

不知從何下手的話，就從簡單的單點刺繡開始，

用最喜歡的顏色來刺繡吧。

願本書能讓大家感受到刺繡一針針描繪出圖案的樂趣。

Contents

Botanical garden

Page.58

以昆蟲小鳥自由飛翔的植物園為主題的花樣。每個單獨的圖案都很適合用於單點刺繡。

6

7

Botanical garden

蛙口收納包　Page.56

圖案繁雜的作品，只要重複運用單
色刺繡的簡單技巧就能漂亮地加以
整合。

8

Floral pattern

手拿包　Page.76

善用圖案的氛圍，做出適合搭配正
式服裝的手拿包。包口使用的是彈
片口金，所以相當好用。

Floral pattern

Page.60

巨大的花朵圖案，要利用細小的
鎖鍊繡，以描繪曲線的方式來刺
繡。

11

書套　*Page* 77

寂靜的森林裡潛藏著一隻小鳥。在
陷入沉思的閱讀時間裡，靜靜陪在
一旁的書套。

Mimose

Page. 63

14

帽帶　*Page.78*

一粒一粒做出分量感來表現含羞草
的花朵。是一款很適合搭配麥桿帽
的帽帶。

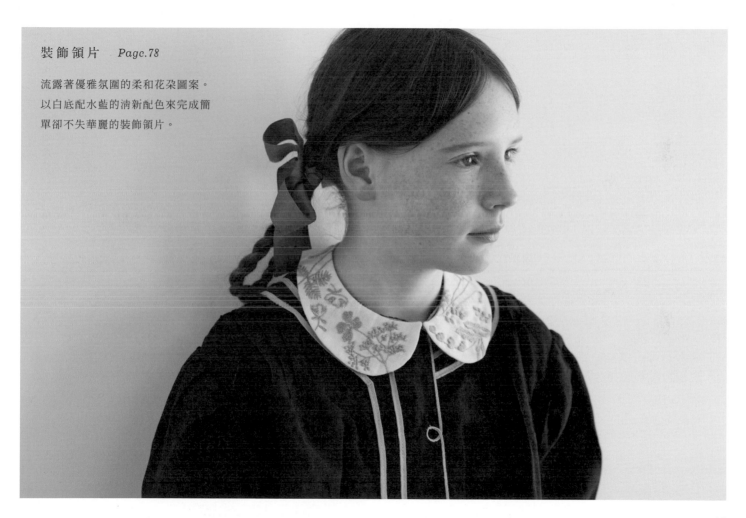

装 飾 領 片　*Page.78*

流露著優雅氛圍的柔和花朵圖案。
以白底配水藍的清新配色來完成簡
單卻不失華麗的裝飾領片。

Red tree
Page.65

18

運用2種針法來描繪紅色的樹木。
以紅線加上原色底布的組合搭配，
製作出充滿獨特存在感的靠墊。

園藝圍裙　*Page.80*

在大大的口袋上靜靜伸展的奇妙花
朵。讓園藝時光更添樂趣的圍裙。

蛙口收納包　　*Page.80*

珊瑚紅的小小珊瑚是利用2種針法
完成的簡單圖案。1株或2株都無
所謂，可自由決定要刺繡的數量。

髮帶　　*Page.81*

造型各異的4種花朵圖案。利用單
色刺繡，讓可愛的花樣展現出成熟
的大人氛圍。

迷你蛙口包　*Page.82*

簡單的蝴蝶結圖案的刺繡重點就在
於，用細密的鎖鍊繡不留空隙地加
以填滿。

Herb garden

Page.68

精緻的香草葉片是利用輪廓繡和
鎖鍊繡所構成的線條來呈現。

Herb garden

披肩　*Page.83*

將圖案重點式地繡在角落或分散在各處都行，可自由地依喜好變化安排。

Blue tile

針插　*Page.70,83*

繡上古典磁磚花樣的針插。利用較
粗的鎖鍊繡來展現存在感。

以古典的十字繡圖案爲靈感，將樹木和小鳥對稱排列。製作成送給重要之人的賀卡。

Snow crystal

Page. 72

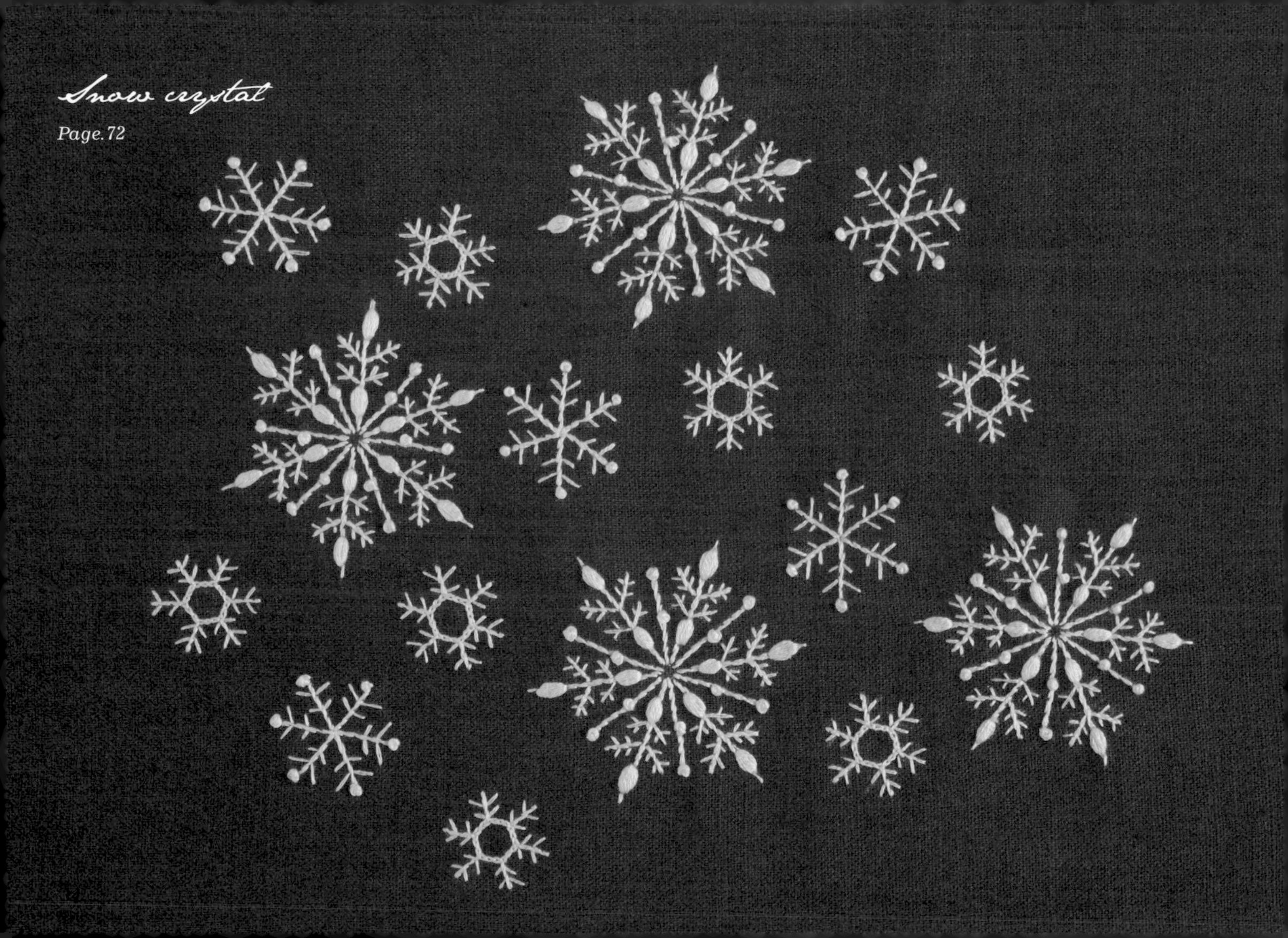

熱水袋布套　*Page.85*

幾何圖形的雪花結晶。把布料確實
繃緊，再用輪廓繡開始刺繡是訣竅
所在。

收納袋　*Page.86*

結合了花朵圖案的佩里斯花紋。在
袋口處用繩子打結，做成簡易的收
納袋。

別針　Page.74,87

小巧可愛的蓬蓬蝴蝶結。改變線和
布的配色，多做幾個以便盡情享受
繽紛的搭配樂趣。

Birds

飾品　*Page.74,88*

利用舊毛衣再製的小鳥飾品。可擺
放在桌上或掛在牆上作為裝飾。圖
案和Small flower相同。

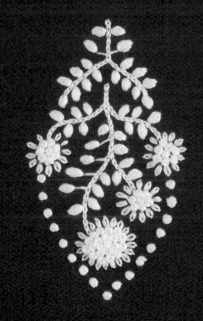

香包　*Page.88*

可愛的瑪格麗特花朵圖案也能運用黑×白的配色來展現大人氛圍。香包裡可以任意裝入喜愛的香料。

圍兜　　*Page.89*

利用2種簡單針法完成的鯨魚圍
兜。非常適合當作生產賀禮。

T恤　*Page.90*

在T恤胸口綻放的蒲公英。只要用
粗一點的線做出分量感，就能成為
出色的單點刺繡花樣。

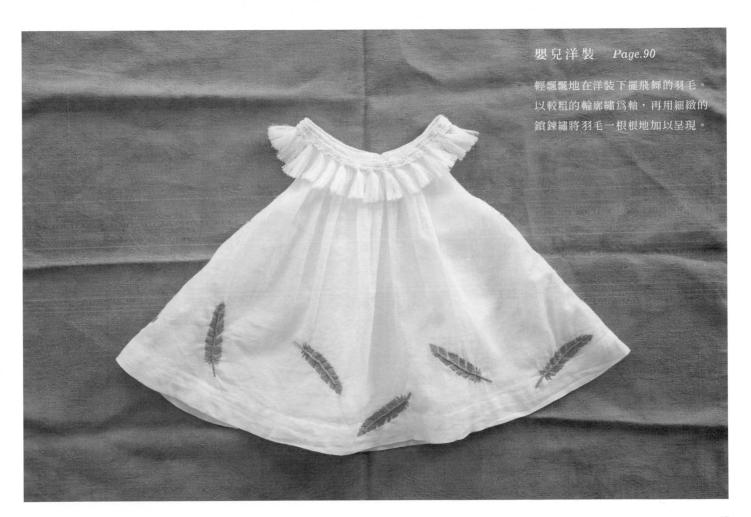

嬰兒洋裝　　*Page.90*

輕飄飄地在洋裝下擺飛舞的羽毛。
以較粗的輪廓繡為軸，再用細緻的
鎖鍊繡將羽毛一根根地加以呈現。

How to make

運用法國刺繡手法的單色刺繡。
接下來是為了做出漂亮作品所需要的基本針法及訣竅的介紹。
還有圖案集和雜貨的製作方法。

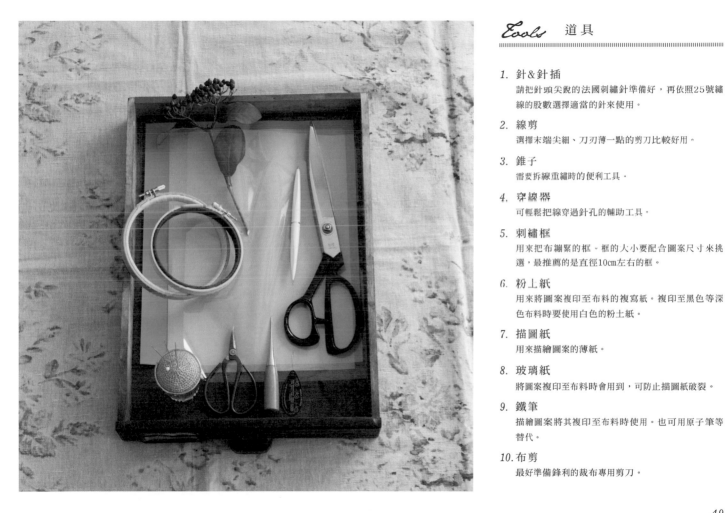

Tools 道具

1. **針＆針插**
   請把針頭尖銳的法國刺繡針準備好，再依照25號繡線的股數選擇適當的針來使用。

2. **線剪**
   選擇末端尖細、刀刃薄一點的剪刀比較好用。

3. **錐子**
   需要拆線重繡時的便利工具。

4. **穿線器**
   可輕鬆把線穿過針孔的輔助工具。

5. **刺繡框**
   用來把布繃緊的框。框的大小要配合圖案尺寸來挑選，最推薦的是直徑10cm左右的框。

6. **粉上紙**
   用來將圖案複印至布料的複寫紙。複印至黑色等深色布料時要使用白色的粉土紙。

7. **描圖紙**
   用來描繪圖案的薄紙。

8. **玻璃紙**
   將圖案複印至布料時會用到，可防止描圖紙破裂。

9. **鐵筆**
   描繪圖案將其複印至布料時使用。也可用原子筆等替代。

10. **布剪**
    最好準備鋒利的裁布專用剪刀。

Thread 繡線

使用的是最普遍的25號繡線。不同廠牌的繡線在顏色及色號上都有所不同。

本書使用的都是法國DMC的繡線。以鮮豔的色彩及帶有光澤的質感爲特徵。一束的長度大約是8公尺。

依照繡線的股數
選擇不同粗細的針

依照繡線的股數選擇適合的針來使用的話，刺繡起來會更加得心應手。但有時也會隨著布料的厚度而改變。下表是以可樂牌（Clover）的刺繡針爲準。

25號繡線	刺繡針
8股	3號
6股	3・4號
3・4股	5・6號
1・2股	7〜10號

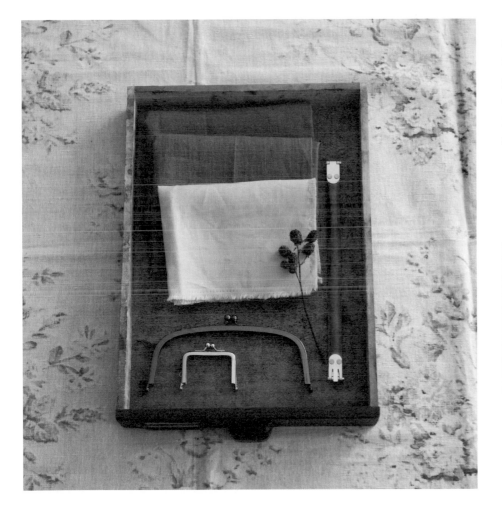

Materials 材料

本書的圖案作品及雜貨幾乎都是用亞麻布來完成的。平織的亞麻布很容易刺繡,對初學者來說應該也很好處理才對。另外,收納包及手拿包還用到了蛙口口金(圖片下方)及彈片口金(圖片右方)等口金配件。

亞麻布
要 先 下 水 洗 過

亞麻布有個特性,就是洗過之後會縮水。因此在裁布之前最好先卜水洗過。還能有效地防止變形。

1. 將布料用大量的溫水或冷水浸泡數小時之後洗濯乾淨。稍微脫水。

2. 在陰涼處晾乾,尚未完全乾燥之前先調幣好布紋再用熨斗燙平。

基本的
刺繡針法與訣竅

以下是8種基本針法的介紹，以及繡出漂亮成品的訣竅。

Straight stitch
直針繡

描繪短線時所使用的針法。主要是使用於樹枝之類的圖案。

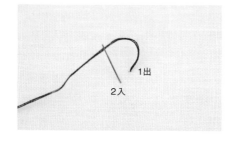

Outline stitch
輪廓繡

鑲邊等的時候使用。曲線的情況要用細小的針腳來完成才會漂亮。

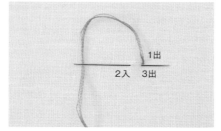

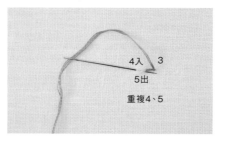

Running stitch
平針繡

就是一般說的平針縫。只在「Botanical garden」（p.58）使用的針法。

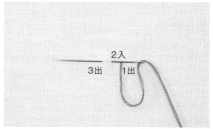

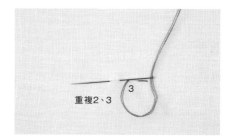

Chain stitch
鎖鍊繡

線不要拉得太緊，讓鎖鍊保持蓬鬆飽滿是繡出漂亮鎖鍊繡的訣竅。

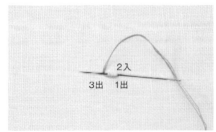

2入
3出　1出

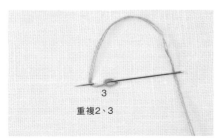

3
重複2、3

French knot stitch
法國結粒繡

法國結粒繡基本上是繞2圈。大小可藉由繡線的股數來調整。

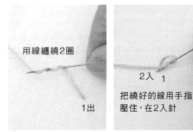

用線纏繞2圈

1出

2入　1

把繞好的線用手指壓住，在2入針

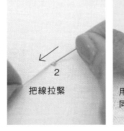

2
把線拉緊

用手指壓住，同時把線拉到下面

Satin stitch
緞面繡

以平行排列的針腳來填滿面積的針法。適合用在需要展現分量感的情況。

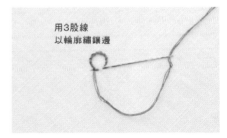

用3股線以輪廓繡鑲邊

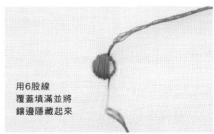

用6股線覆蓋填滿並將鑲邊隱藏起來

Lazy daisy stitch
雛菊繡

描繪小花的花瓣，或是小巧花樣時所使用的針法。

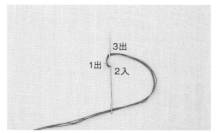

3出
1出
2入

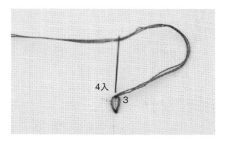

4入
3

Lazy daisy stitch + Straight stitch
雛菊繡 + 直針繡

在雛菊繡的中央多加一道線，來表現具有分量感的橢圓。

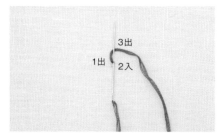

3出
1出
2入

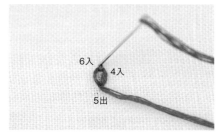

6入
4入
5出

{ 刺繡的起點和終點 }

刺繡的起點和終點的位置可自由決定。但是，用來製成雜貨的單色刺繡一定要在結束時打結固定。

OK

和下一針的距離超過1cm的情況，一定要打結固定。

NG

基本上在每個圖案結束時都要打結固定。這麼做還能有效地防止勾線。

{ 圖案的複印方法 }

首先從將圖案複印至布料的方法開始吧。圖案要配合布料的縱向紗和橫向紗擺放。

1 把描圖紙放在圖案上，描出圖案。

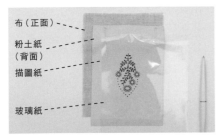

布（正面）
粉土紙（背面）
描圖紙
玻璃紙

2 依照圖片所示的順序重疊起來，用珠針固定之後，以鐵筆描繪圖案。

{ 繡線的處理方法 }

將指定的股數1股1股地抽出來，再合在一起使用。線條的排列方向整齊一致，成品才會顯得格外美觀。

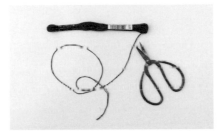

1 抽出約60cm的長度，將線剪斷。

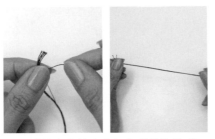

2 從捻合的線束中把必要的股數1股1股地抽出來再合在一起。

{ 漂亮地填滿面積 }

以鎖鍊繡或法國結粒繡等的針腳來填滿面積的情況，要隨時留意，不要留下空隙。

1 繡出圖案輪廓。

2 沿著輪廓，繡出第2、第3行等以此類推，從外側朝著中心刺繡。

蛙口雜貨的作法

Botanical garden
蛙口收納包

Page. 8

【完成尺寸】

22×12cm

【25號繡線】

DMC 336 — 4束

【材料】

表布：亞麻布（白）— 30×30cm
裡布：亞麻布（米黃）— 30×30cm
18cm寬的蛙口口金（7.5×18cm）黑 — 1個
紙繩：適量

【道具】

安裝蛙口口金用

木工用白膠
錐子或一字螺絲起子
口金固定鉗

1 在表布的正面複印上圖案、反面複印上紙型（p.91），在裁剪之前先進行刺繡。

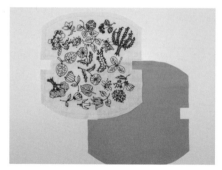

2 加上1cm的縫份裁剪下來。裡布也同樣地加上縫份裁剪好。

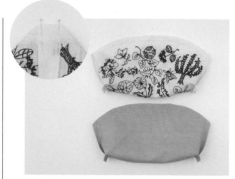

3 將表布的兩側縫合，打開縫份之後，將底部的邊端縱向壓扁，縫出側襠。裡布也以同樣方法縫合兩側及側襠。

4 將外袋和內袋正面對正面套在一起，調整好之後用珠針固定。

5 留下5cm左右的返口，沿著袋口縫合一圈。

7 在蛙口口金的內側擠入木工用白膠。把白膠均勻地塗抹在口金的底部和側面。

9 將剪成比口金長度略短的紙繩壓入口金的內側。壓不進去的情況，可將紙繩鬆開撕裂。

6 從返口翻回正面，調整好形狀之後，在距離袋口0.2cm的位置車縫一道。這時候，從邊端算起的2、3cm不需要縫。

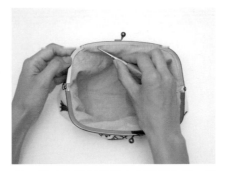

8 將口金和袋子的中心對齊之後，將袋口塞入口金的內側。塞的時候要盡量把袋口塞到口金的底部。

10 將口金的邊端用布夾住，以口金固定鉗夾緊固定。靜置到木工用白膠乾燥為止。

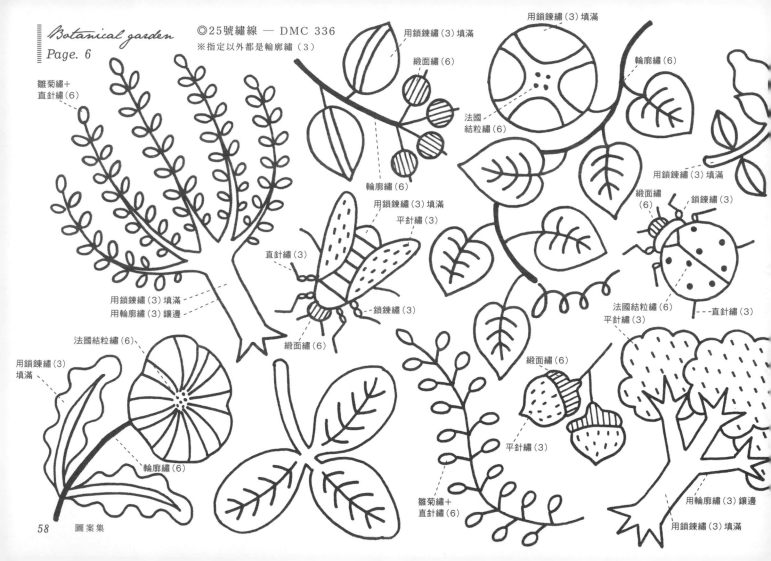

Botanical garden
Page. 6

◎25號繡線 — DMC 336
※指定以外都是輪廓繡（3）

雛菊繡+
直針繡（6）

用鎖鍊繡（3）填滿

緞面繡（6）

輪廓繡（6）

用鎖鍊繡（3）填滿

輪廓繡（6）

法國
結粒繡（6）

用鎖鍊繡（3）填滿

緞面繡
（6）

鎖鍊繡（3）

用鎖鍊繡（3）填滿

平針繡（3）

直針繡（3）

用鎖鍊繡（3）填滿
用輪廓繡（3）鑲邊

緞面繡（6）

鎖鍊繡（3）

法國結粒繡（6）
平針繡（3）

直針繡（3）

法國結粒繡（6）、

用鎖鍊繡（3）
填滿

輪廓繡（6）

緞面繡（6）

平針繡（3）

雛菊繡+
直針繡（6）

用輪廓繡（3）鑲邊

用鎖鍊繡（3）填滿

58　圖案集

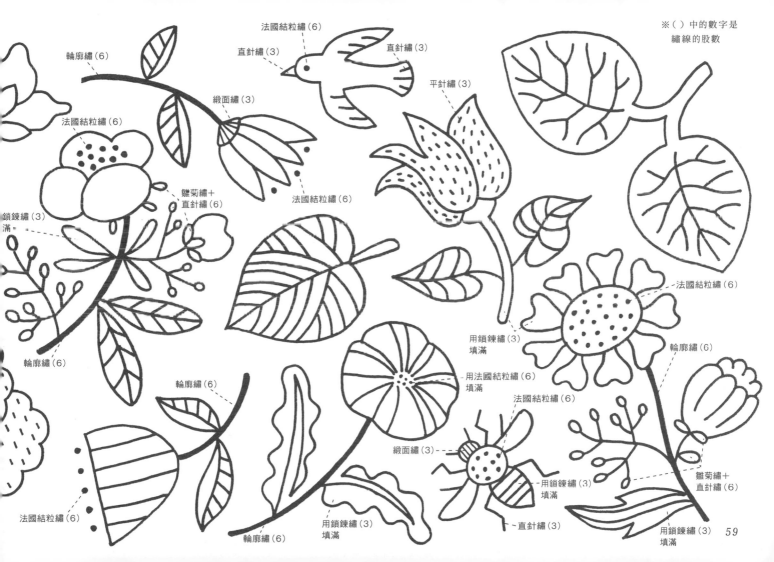

輪廓繡(6)

法國結粒繡(6)

直針繡(3)

法國結粒繡(6)

直針繡(3)

緞面繡(3)

平針繡(3)

※( )中的數字是
繡線的股數

法國結粒繡(6)

雛菊繡＋
直針繡(6)

鎖鍊繡(3)
滿

法國結粒繡(6)

輪廓繡(6)

輪廓繡(6)

用鎖鍊繡(3)
填滿

用法國結粒繡(6)
填滿

法國結粒繡(6)

輪廓繡(6)

法國結粒繡(6)

緞面繡(3)

用鎖鍊繡(3)
填滿

直針繡(3)

雛菊繡＋
直針繡(6)

輪廓繡(6)

用鎖鍊繡(3)
填滿

用鎖鍊繡(3)
填滿

59

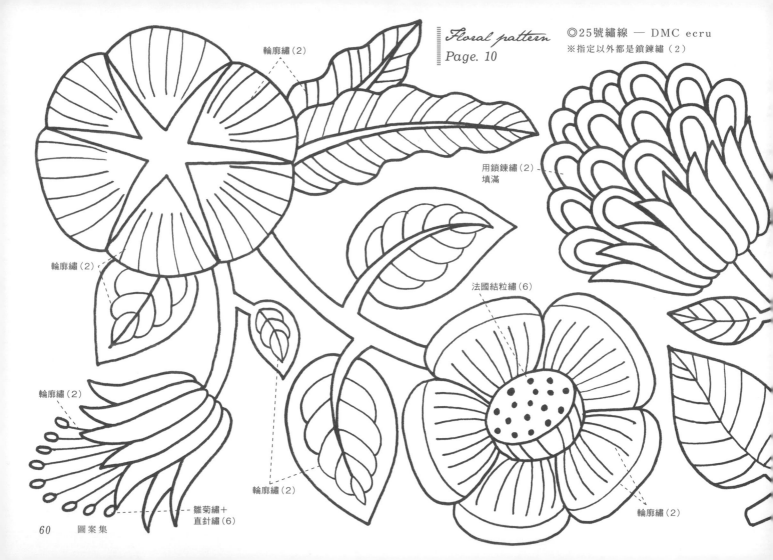

輪廓繡（2）

Floral pattern
Page. 10

◎25號繡線 — DMC ecru
※指定以外都是鎖鍊繡（2）

用鎖鍊繡（2）
填滿

輪廓繡（2）

法國結粒繡（6）

輪廓繡（2）

輪廓繡（2）

輪廓繡（2）

雛菊繡＋
直針繡（6）

輪廓繡（2）

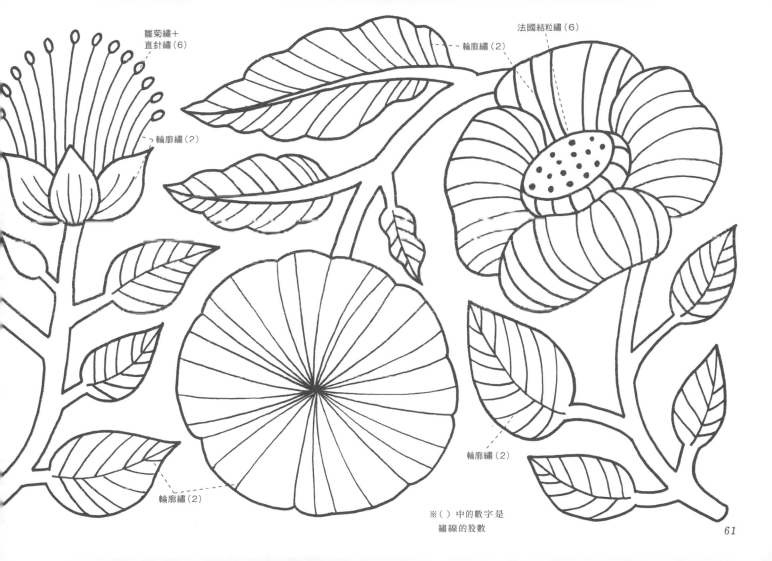

雛菊繡＋
直針繡（6）

輪廓繡（2）

法國結粒繡（6）

輪廓繡（2）

輪廓繡（2）

輪廓繡（2）

輪廓繡（2）

※（）中的數字是
繡線的股數

61

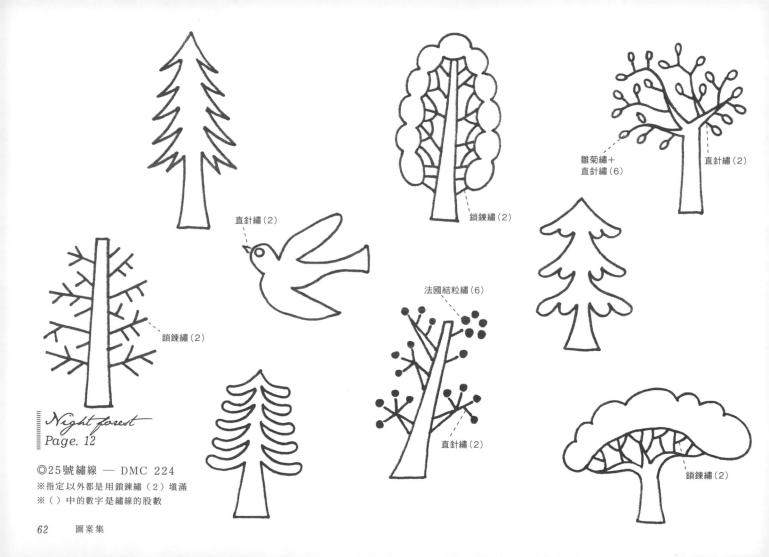

直針繡（2）

鎖鍊繡（2）

雛菊繡＋
直針繡（6）

直針繡（2）

鎖鍊繡（2）

法國結粒繡（6）

直針繡（2）

鎖鍊繡（2）

Night forest
Page. 12

◎25號繡線 — DMC 224
※指定以外都是用鎖鍊繡（2）填滿
※（ ）中的數字是繡線的股數

◎25號繡線 ― DMC 3687

※指定以外都是輪廓繡（3）

※（ ）中的數字是繡線的股數

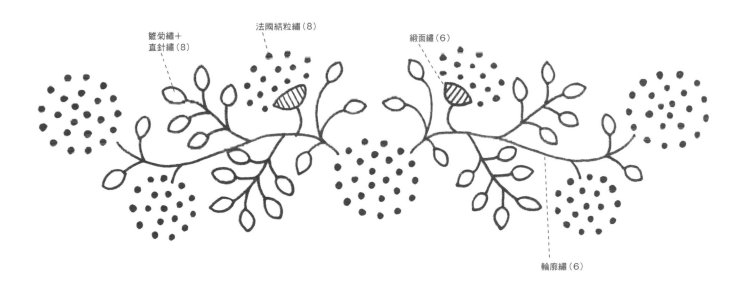

雛菊繡＋
直針繡（8）

法國結粒繡（8）

緞面繡（6）

輪廓繡（6）

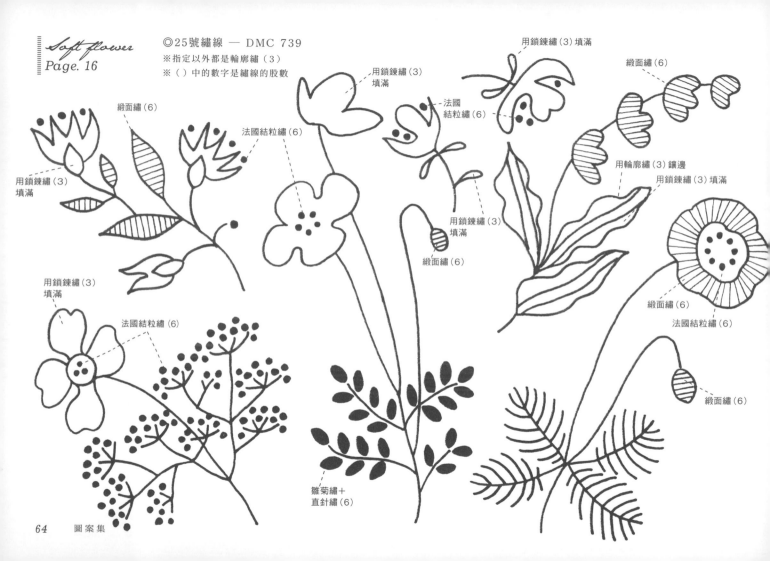

Soft flower
Page. 16

◎25號繡線 ─ DMC 739
※指定以外都是輪廓繡（3）
※（）中的數字是繡線的股數

用鎖鍊繡（3）填滿

緞面繡（6）

用鎖鍊繡（3）
填滿

法國結粒繡（6）

法國結粒繡（6）

用鎖鍊繡（3）
填滿

緞面繡（6）

用輪廓繡（3）鑲邊

用鎖鍊繡（3）填滿

緞面繡（6）

緞面繡（6）

用鎖鍊繡（3）
填滿

用鎖鍊繡（3）
填滿

法國結粒繡（6）

緞面繡（6）

用鎖鍊繡（3）
填滿

法國結粒繡（6）

雛菊繡＋
直針繡（6）

Red tree
Page. 18

◎25號繡線 — DMC 3777

※（）中的數字是繡線的股數

輪廓繡（2）

用鎖鍊繡（2）填滿

Silhouette of flower
Page. 20

◎25號繡線 — DMC 758

※（）中的數字是繡線的股數

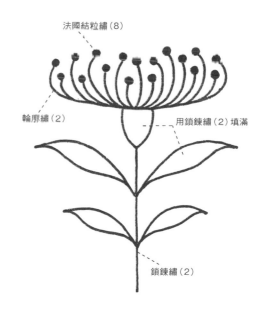

法國結粒繡（8）

輪廓繡（2）

用鎖鍊繡（2）填滿

鎖鍊繡（2）

65

◎25號繡線 — DMC 347
※（ ）中的數字是繡線的股數

輪廓繡（3）

用鎖鍊繡（3）填滿

輪廓繡（3）

用鎖鍊繡（3）填滿

◎25號繡線 — DMC 739
※迷你蛙口包（p.27）附有紙型
※（ ）中的數字是繡線的股數

用鎖鍊繡（2）填滿

鎖鍊繡（2）

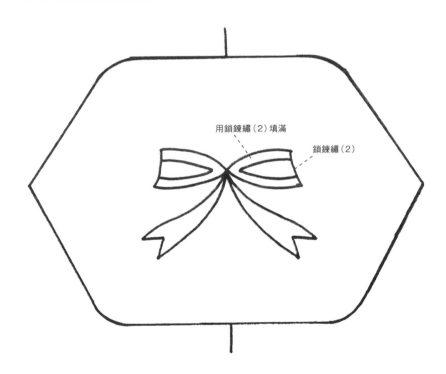

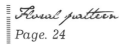

◎25號繡線 — DMC B5200

※指定以外都是3股線

※（ ）中的數字是繡線的股數

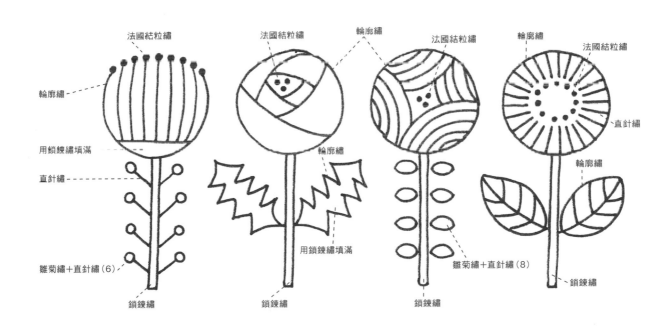

法國結粒繡

輪廓繡

用鎖鍊繡填滿

直針繡

雛菊繡＋直針繡（6）

鎖鍊繡

法國結粒繡

輪廓繡

輪廓繡

用鎖鍊繡填滿

鎖鍊繡

法國結粒繡

雛菊繡＋直針繡（8）

鎖鍊繡

輪廓繡

法國結粒繡

直針繡

輪廓繡

鎖鍊繡

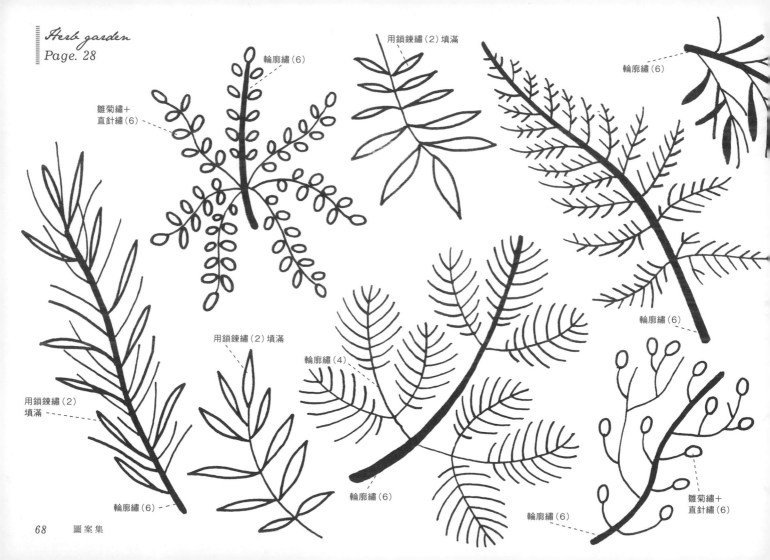

輪廓繡(6)

用鎖鍊繡(2)填滿

輪廓繡(6)

雛菊繡＋
直針繡(6)

用鎖鍊繡(2)填滿

輪廓繡(4)

輪廓繡(6)

用鎖鍊繡(2)
填滿

輪廓繡(6)

輪廓繡(6)

雛菊繡＋
直針繡(6)

輪廓繡(6)

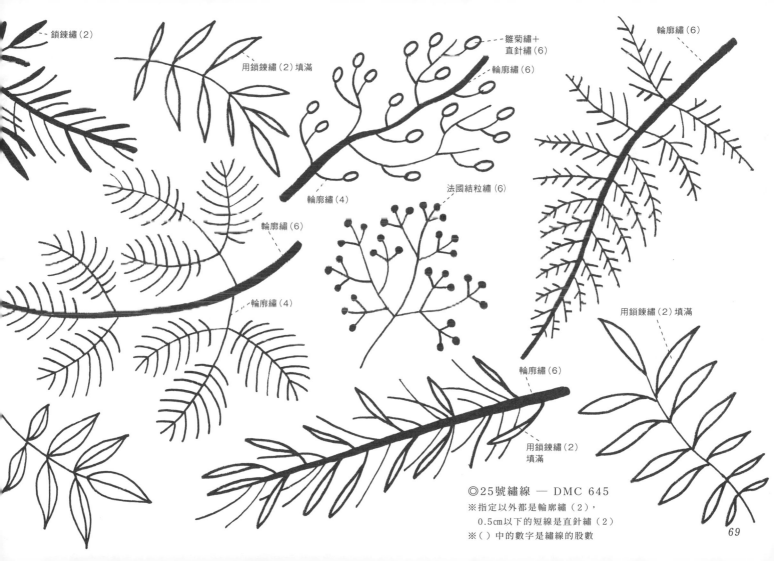

鎖鍊繡（2）

用鎖鍊繡（2）填滿

雛菊繡＋
直針繡（6）

輪廓繡（6）

輪廓繡（6）

輪廓繡（4）

法國結粒繡（6）

輪廓繡（6）

輪廓繡（4）

用鎖鍊繡（2）填滿

輪廓繡（6）

用鎖鍊繡（2）
填滿

◎25號繡線 ─ DMC 645
※指定以外都是輪廓繡（2），
　0.5cm以下的短線是直針繡（2）
※（）中的數字是繡線的股數

69

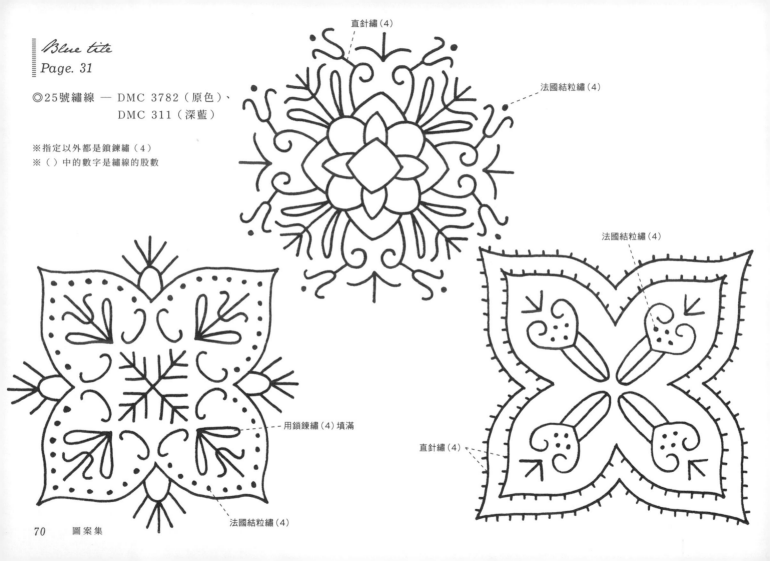

Blue tite
Page. 31

◎25號繡線 ─ DMC 3782（原色）、
　　　　　　DMC 311（深藍）

※指定以外都是鎖鍊繡（4）
※（）中的數字是繡線的股數

直針繡（4）

法國結粒繡（4）

法國結粒繡（4）

用鎖鍊繡（4）填滿

直針繡（4）

法國結粒繡（4）

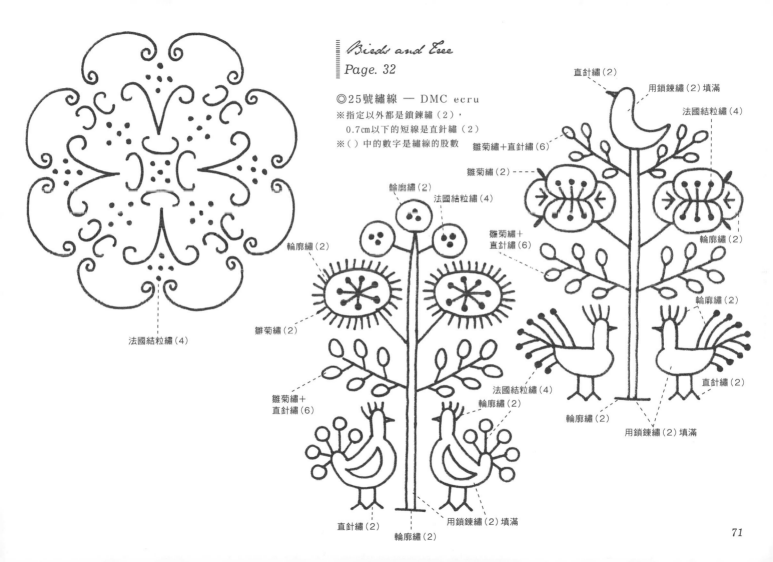

◎25號繡線 ─ DMC ecru
※指定以外都是鎖鍊繡（2），
　0.7cm以下的短線是直針繡（2）
※（）中的數字是繡線的股數

直針繡(2)

用鎖鍊繡(2)填滿

法國結粒繡(4)

雛菊繡＋直針繡(6)

雛菊繡(2)

輪廓繡(2)

輪廓繡(2)

法國結粒繡(4)

法國結粒繡(4)

輪廓繡(2)

雛菊繡＋
直針繡(6)

輪廓繡(2)

雛菊繡(2)

直針繡(2)

法國結粒繡(4)

雛菊繡＋
直針繡(6)

輪廓繡(2)

輪廓繡(2)

用鎖鍊繡(2)填滿

法國結粒繡(4)

輪廓繡(2)

直針繡(2)

輪廓繡(2)

用鎖鍊繡(2)填滿

71

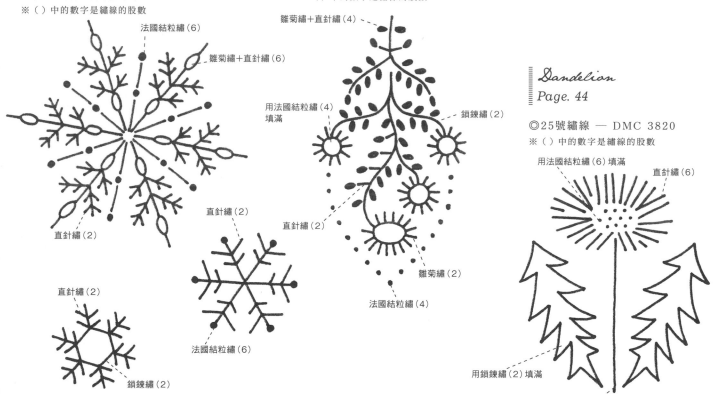

Snow crystal
Page. 34

◎25號繡線 — DMC ecru
※指定以外都是輪廓繡（2）
※（ ）中的數字是繡線的股數

法國結粒繡（6）

雛菊繡＋直針繡（6）

直針繡（2）

直針繡（2）

直針繡（2）

法國結粒繡（6）

鎖鍊繡（2）

Margaret
Page. 40

◎25號繡線 — DMC B5200
※（ ）中的數字是繡線的股數

雛菊繡＋直針繡（4）

用法國結粒繡（4）
填滿

鎖鍊繡（2）

直針繡（2）

雛菊繡（2）

法國結粒繡（4）

Dandelion
Page. 44

◎25號繡線 — DMC 3820
※（ ）中的數字是繡線的股數

用法國結粒繡（6）填滿

直針繡（6）

用鎖鍊繡（2）填滿

輪廓繡（6）

雛菊繡（4）

雛菊繡（4）

雛菊繡＋
直針繡（4）

法國結粒繡（4）

雛菊繡＋
直針繡（4）

雛菊繡（4）

法國結粒繡（4）

用鎖鍊繡（2）填滿

法國結粒繡（4）

雛菊繡（4）

雛菊繡＋
直針繡（4）

用鎖鍊繡（2）填滿

雛菊繡（4）

Paisley
Page. 36

◎25號繡線 ― DMC ecru
※指定以外都是鎖鍊繡（2）　※（）中的數字是繡線的股數

Small flower
Page. 38

◎25號繡線 ── A：DMC 996、B：DMC 3687
C：DMC 563、D：DMC 224

※（ ）中的數字是繡線的股數

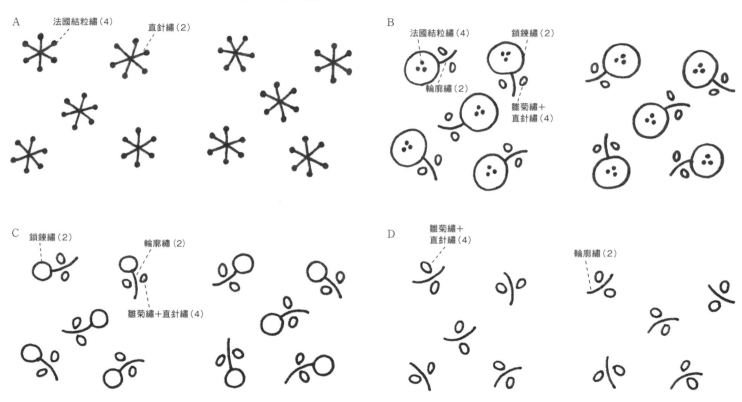

A　法國結粒繡（4）　直針繡（2）

B　法國結粒繡（4）　鎖鍊繡（2）
輪廓繡（2）
雛菊繡＋
直針繡（4）

C　鎖鍊繡（2）　輪廓繡（2）
雛菊繡＋直針繡（4）

D　雛菊繡＋
直針繡（4）
輪廓繡（2）

Whale
Page. 42

◎25號繡線 — DMC 312

※（ ）中的數字是繡線的股數

用鎖鍊繡（2）填滿

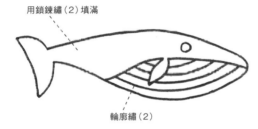

輪廓繡（2）

Feather
Page. 46

◎25號繡線 — DMC 3047

※（ ）中的數字是繡線的股數

用鎖鍊繡（2）填滿

輪廓繡（6）

Floral pattern
手拿包

Page. 9

【 完成尺寸 】

27×18cm

【 25號繡線 】

DMC ecru — 4束

【 材料 】

表布：亞麻布（灰）

　　— 45×35cm

裡布：壓棉布（原色）

　　— 45×35cm

長度27cm彈片口金 — 1個

【 道具 】

鎚子

【 作法 】

1 在表布的正面、下圖的位置將圖案（p.60）複印上去，刺繡完畢之後在4邊加上1.5cm的縫份裁剪下來。

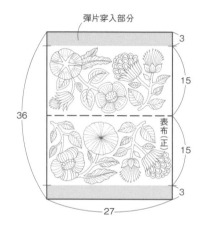

彈片穿入部分

36

3

15

表布（正）

15

3

27

2 將1的表布正面對正面對摺，留下彈片穿入部分將兩側縫合。裡布也同樣地裁剪好、縫合兩側。

3 將2的內袋和外袋正面對正面套在一起，留下10cm的返口，再將袋口縫合起來。

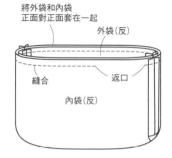

將外袋和內袋正面對正面套在一起

外袋（反）

縫合

返口

內袋（反）

4 從返口翻回正面，將彈片穿入部分的縫份摺到內側，調整形狀。

5 在距離上端0.3cm和3cm的位置各別車縫一圈。

6 將彈片口金穿入袋口。將口金一端的插銷拔出，避免拉扯布料地穿入袋口。完全穿入之後，將插銷插回，用鎚子輕輕敲打固定。

Night forest
書套

Page. 13

【 完成尺寸 】

16×30cm（記事本尺寸）

【 25號繡線 】

DMC 939 — 2束

【 材料 】

表布：亞麻布（淺粉紅）— 20×40cm

裡布：亞麻布（深藍）— 20×40cm

2cm寬的亞麻布條 — 19cm

【作法】

1 在表布的正面、下圖的位置將圖案（p.62）複印上去，刺繡完畢之後在4邊加上1.5cm的縫份裁剪下來。

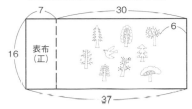

2 將裡布像表布一樣地加上縫份裁剪好。將表布和裡布正面對正面重疊，上下夾入亞麻布條，留下5cm的返口，縫合起來。

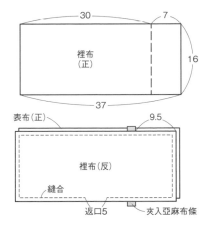

3 留下0.5cm的縫份，剪掉多餘的部分。

4 將3從返口翻回正面，調整好形狀之後以藏針縫將返口縫合。

5 將插入書本封面的一側摺起7cm，在距離上下邊緣0.1～0.2cm的位置車縫固定。

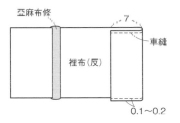

帽帶

Mimose

Page. 15

【 完成尺寸 】

7×110cm

【 25號繡線 】

DMC ecru — 4束

【 材料 】

表布：亞麻布（深藍）— 20×120cm

【 作法 】

1 在表布的正面、下圖的位置將圖案（p.63）複印上去，刺繡完畢之後在4邊加上1.5cm的縫份裁剪下來。

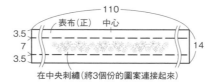

在中央刺繡(將3個份的圖案連接起來)

2 將1縱向對半摺好，再正面對正面摺成兩半，留下約5cm的返口，將長邊縫合。

3 將2的縫合線移至中央位置，用熨斗燙平之後，將左右兩端照著紙型（p.92）縫好，留下0.5cm的縫份，剪掉多餘的部分。再沿著曲線將縫份剪出牙口的話，就能做漂亮的曲線。

4 翻回正面調整好形狀之後，以藏針縫將返口縫合。

裝飾領片

Soft flower

Page. 17

【 完成尺寸 】

17×32cm（頸圍約38cm）

【 25號繡線 】

DMC 932 — 2束

【 材料 】

表布：亞麻布（白）— 20×35cm

裡布：亞麻布（原色）— 20×35cm

領勾 — 1組

【 作法 】

1 在表布的正面複印上圖案、反面複印上紙型（p.93），刺繡完畢之後再加上1cm的縫份裁剪下來。

2 把裡布像表布一樣地裁剪好，和1的表布正面對正面重疊，留下10cm的返口，縫合起來。

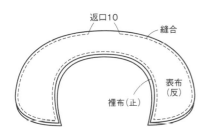

返口10
縫合
表布（反）
裡布（止）

3 留下0.5cm的縫份，剪掉多餘的部分。再沿著曲線將縫份剪出牙口的話，就能做漂亮的曲線。

4 從返口翻回正面，再以藏針縫將返口縫合。

5 在裡布上縫上領勾。

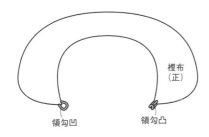

裡布（正）
領勾凹
領勾凸

Red tree
靠墊

Page. 19

【 完成尺寸 】

32×32cm

【 25號繡線 】

DMC 3777 — 3束

【 材料 】（ 1個份 ）

表布：亞麻布（原色）— 35×70cm

35×35cm的枕心 — 1個

【 作法 】

1 在表布的正面、下圖的位置將圖案（p.65）複印上去，刺繡完畢之後在4邊加上1.5cm的縫份裁剪下來。

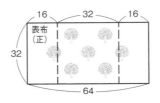

16　32　16
表布（正）
32
64

---

2 正面對止面對摺，留下15cm的返口，縫合起來。

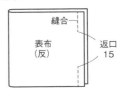

縫合
表布（反）
返口15

3 將2的縫合線移至中央位置，在兩側壓出摺痕之後，將上下兩端各別縫合。縫份以鋸齒車縫收邊。

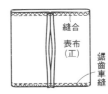

縫合
表布（正）
鋸齒車縫

4 從返口翻回正面，塞入枕心之後，以藏針縫將返口縫合。

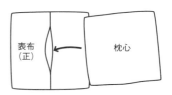

表布（正）
枕心

Silhouette of flower
園藝圍裙

Page. 21

||||||||||||||||||||||||||||||||||||||||||

【 完成尺寸 】

54×56cm

【 25號繡線 】

DMC 739 — 2束

【 材料 】

表布：亞麻布（粉紅）— 75×60cm

帶子：亞麻布（粉紅）

　　 — 50×4cm　2條（肩用）

　　 — 90×4cm　2條（腰用）

【 作法 】

1 將帶子用的布摺成4折變為1cm寬，車縫固定。以同樣方式製作4條帶子。

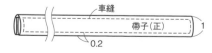

車縫
帶子（正）
0.2
1

---

2 將表布依照下圖尺寸分別加上1.5cm的縫份裁剪好。將1.5cm的縫份摺成3折，沿著周圍車縫起來。這時只有下擺部分要朝正面摺成三折。

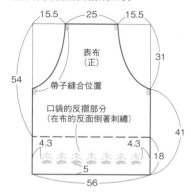

15.5　25　15.5
54
31
表布（正）
帶子縫合位置
口袋的反摺部分
（在布的反面倒著刺繡）
4.3　　　4.3
41
18
5
56

3 在反面的口袋反摺部分，將圖案（p.65）倒著複印上去，進行刺繡。

4 反摺18cm，讓刺繡花樣位於正面，在兩端的0.5cm處車縫固定。

5 將4的口袋部分依照喜愛的寬度車出隔間之後，將1的帶子車縫固定在上圖的4處帶子縫合的位置。

Coral
蛙口收納包

Page. 23

||||||||||||||||||||||||||||||||||||||||||

【 完成尺寸 】

12×18cm

【 25號繡線 】

DMC 347 — 3束

【 材料 】

表布：亞麻布（原色）— 30×25cm

裡布：棉布（米黃）— 30×25cm

13.2cm寬的蛙口口金（6.3×13.2cm）

　　 — 1個

紙繩：適量

【 道具 】

木工用白膠

錐子或一字螺絲起子

口金固定鉗

※蛙口雜貨的作法參照p.56

【作法】

1 在表布的正面複印上圖案、反面複印
上紙型（p.92），刺繡完畢後加上1cm
的縫份裁剪下來。

2 將表布正面對正面對摺，並將兩側
和側襠車縫起來。裡布也同樣地裁
剪好，車縫兩側和側襠。

3 將2的外袋和內袋正面對正面套在
一起，留下5cm的返口，將袋口縫口。

4 將3翻回正面調整形狀。縫合返口，
在距離袋口邊緣0.2cm處車縫一道。

5 在袋口安裝蛙口口金。

Floral pattern
髮帶

Page. 25

【完成尺寸】

12×26.5cm

【25號繡線】

DMC 3820 — 2束

【材料】

表布：亞麻布（灰）
　　— 30×50cm

調節帶部分：亞麻布（灰）
　　— 10×30cm

2cm寬的鬆緊帶 — 10cm

※若需要加大尺寸，可增長調節帶的長
　度來進行調整。

【作法】

1 在表布的正面、下圖的位置將圖案
（p.67）複印上去，刺繡完畢之後在4
邊加上1cm的縫份裁剪下來。

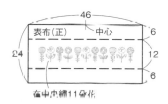

2 在調節帶部分的4邊加上1cm的縫份
裁剪好。將表布和調節帶部分各別
正面對正面縫成筒狀，翻回正面。

3 將表布的形狀調整好，讓刺繡花樣
位於中央，並將兩端摺疊成2.5cm
寬，用珠針固定。

4 將調節帶部分的兩端的縫份摺到內側，穿入2cm寬的鬆緊帶。抓出皺摺，讓鬆緊帶在兩端各露出1cm，用珠針固定。

調節帶（正）

2cm寬的鬆緊帶

1

5 將3左右的縫份部分和4的鬆緊帶兩端的1cm部分相接重疊，縫合固定。

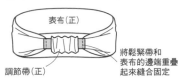

表布（正）

調節帶（正）

將鬆緊帶和表布的邊端重疊起來縫合固定

6 將調節帶部分的左右兩端各別以藏針縫縫合，並將5的縫合線隱藏起來。

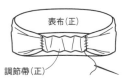

表布（正）

調節帶（正）

Ribbon
迷你蛙口包

Page. 27

【 完成尺寸 】

7.5×8cm

【 25號繡線 】

DMC ecru — 1束（深粉紅色的蛙口包）

DMC 3687 — 1束（其他的蛙口包）

【 材料 】（1個份）

表布：亞麻布（從白、深粉紅、原色、粉紅之中任選喜愛的顏色）— 10×15cm　2片

裡布：亞麻布（喜愛的顏色）
　　　— 10×15cm　2片

6cm寬的蛙口口金（4.5×6cm）— 1個

紙繩：適量

【 道具 】

木工用白膠

錐子或一字螺絲起子

口金固定鉗

【 作法 】

※蛙口雜貨的作法參照p.56

1 在2片表布的正面複印上圖案、反面複印上紙型（p.66），刺繡完畢之後加上1cm的縫份裁剪下來。

2 將1的2片表布正面對正面重疊，將袋口以外的兩側和底部縫合起來。2片裡布也同樣地裁剪、縫合起來。

3 將2的外袋和內袋正面對正面套在一起，留下3～4cm的返口，再將袋口縫合起來。

4 留下0.5cm的縫份，剪掉多餘的部分。接著再沿著曲線將縫份剪出牙口的話，就能做漂亮的曲線。

5 將4翻回正面調整形狀，縫合返口，在距離袋口邊緣0.2cm處車縫一道。

6 在袋口安裝蛙口口金。

Herb garden
披肩

Page. 30

【 完成尺寸 】

100×100cm

【 25號繡線 】

A（原色）：DMC 3362 — 9束

B（黑）：DMC ecru — 1束

【 材料 】

100cm見方的市售亞麻披肩

　　（A 原色／B 黑）— 1條

【 作法 】

A 在整條披肩上將圖案（p.68）均衡地
複印上去，進行刺繡。

B 在披肩的四個角落各複印上1個圖案
（p.68），進行刺繡。

Blue tite
針插

Page. 31

【 完成尺寸 】

8×8cm

【 25號繡線 】

A（深藍）：DMC 3782 — 1束

B（原色）：DMC 311 — 1束

【 材料 】（1個份）

表布：亞麻布（A 深藍／B 原色）
　　 — 10×20cm

手工藝用棉花 — 適量

【 作法 】

1 在表布的正面、下圖的位置將圖案
（p.70、71）複印上去，刺繡完畢之
後加上1cm的縫份裁剪下來。

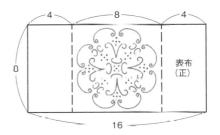

2 正面對正面對摺，留下5cm的返口，
縫合起來。

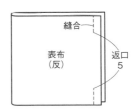

3

將2的縫合線移至央位置，在兩側壓出摺痕之後，將上下兩端各別縫合。

縫合
表布
（反）

4

從返口翻回正面，塞入適量手工藝用棉花之後，以藏針縫將返口縫合。

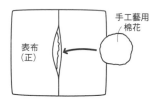

手工藝用棉花
表布
（正）

Birds and Eree

賀 卡

||||||||||||||||||||||||||||||||||||||||||||||||||||||

Page. 33

【 完成尺寸 】

15×10.5cm

【 25號繡線 】

A（綠）：DMC ecru — 1束
B（原色）：DMC 500 — 1束

【 材料 】（1個份）

表布：亞麻布（A 綠／B 原色）
　　　 — 12×8.5cm
底紙：卡紙（白） — 15×21cm
　　　　　　　　 — 15×10.5cm

【 道具 】

美工刀
木工用白膠

【 作法 】

1

在表布的正面將圖案（p.71）複印上去，進行刺繡。

2

將大張的卡紙如圖所示從中央對摺，用美工刀將右半邊的中央窗口割掉。

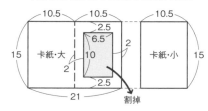

卡紙·大
卡紙·小
10.5　10.5　10.5
2.5
6.5　2
10
2
2.5
15　15
21
割掉

3

將表布疊在卡紙後方，並將圖案移至2的窗口中央之後，用4邊塗上木工用白膠的小張卡紙夾住。

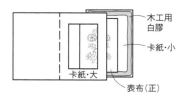

木工用白膠
卡紙·小
卡紙·大
表布（正）

4

用重物壓住數小時，直到乾燥為止。

Snow crystal
熱水袋布套

Page. 35

【 完成尺寸 】

25×19cm

【 25號繡線 】

DMC ecru ─ 2束（單面份）

【 材料 】

表布：亞麻布（灰）─ 30×25cm　2片

裡布：壓棉布（原色）

　　─ 25×25cm　2片

0.3cm寬的絲絨緞帶（粉紅）

　　─ 60cm　2條

【 作法 】

1 在2片表布的正面複印上圖案、反面複印上紙型（p.94），刺繡完畢之後在4邊加上1cm的縫份裁剪下來。

2 將1的表布正面對正面重疊，留下穿繩口，縫合成袋狀。2片裡布也同樣地裁剪、縫合起來。

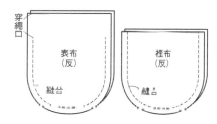

3 留下0.5cm的縫份，剪掉多餘的部分。接著再沿著曲線將縫份剪出牙口的話，就能做漂亮的曲線。

4 將3外袋的穿繩口的左右縫份朝反面摺好，以ㄇ字型車縫固定。

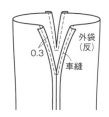

5 將內袋的袋口縫份朝反面摺好之後，將外袋反面對反面地套入內袋之中。

6 將外袋的穿繩部分摺起來，再將內袋和外袋的袋口調整好，車縫固定。

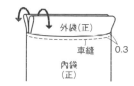

7 將6翻回正面，從左右將絲絨緞帶穿入穿繩部分。

Paisley
收納袋

Page. 37

【 完成尺寸 】

21×14cm

【 25號繡線 】

A（原色）：DMC 3777 — 2束
B（紅）：DMC ecru — 2束

【 材料 】（1個份）

表布：亞麻布（A 原色／B 紅）
　— 45×20cm
裡布：亞麻布（喜愛的顏色）
　— 45×20cm
0.3cm寬的繩子（和繡線同色）
　— 50cm　2條

【 作法 】

1　在表布的正面、下圖的位置將圖案
　　（p.73）複印上去，刺繡完畢之後在4
　　邊加上1cm的縫份裁剪下來。

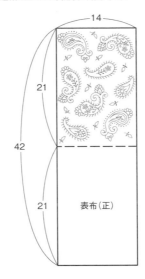

2　將*1*的表布正面對正面對摺，並將兩
　　側縫合。裡布也同樣地裁剪好，留下
　　5cm的返口，縫合兩側。

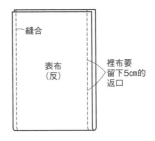

3　將外袋和內袋正面對正面套在一
　　起，在袋口的中央夾入繩子之後，將
　　袋口縫合。

4　將3翻回正面調整形狀，以藏針縫將
　　返口縫合。

Small flower
別針

Page. 38

【 完成尺寸 】

4×7㎝

【 25號繡線 】

A（黃）：DMC 996 ― 1束

B（綠）：DMC 3687 ― 1束

C（粉紅）：DMC 563 ― 1束

D（藍）：DMC 224 ― 1束

【 材料 】（1個份）

表布：亞麻布（A 黃／B 綠／C 粉紅／
　　　D 藍）― 10×20㎝

帶子：亞麻布（和表布同色）
　　　― 10×3㎝

手工藝用棉花 ― 適量

手工藝用別針 ― 1支

【 作法 】

1 在表布的正面、下圖的位置將圖案
（p.74）複印上去，刺繡完畢之後在4
邊加上1㎝的縫份裁剪下來。

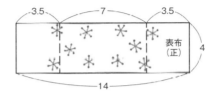

2 將帶子用的布摺成三折，做成1㎝寬
的帶子。

3 將1的兩端的縫份往反面摺好，以正
面對正面摺疊的方式在中央將兩端
接合，用珠針固定。

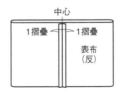

4 將上下兩邊分別縫合起來。

5 從中央開口翻回正面調整形狀，在兩
端塞入手工藝用棉花。以藏針縫將
中央開口縫合。在中央抓出皺褶之後
用線纏繞起來。

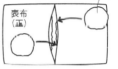

6 用2的帶子在5中央線上纏繞2圈，
在背面縫合固定，縫上別針。

Birds
飾品

Page. 39

【 完成尺寸 】

8×14cm

【 25號繡線 】

DMC B5200 — 1束

【 材料 】（1個份）

表布：舊毛衣
　　— 10×20cm　2片
手工藝用棉花 — 適量
珠子（白）— 2粒

1 在表布的正面複印上圖案（p.74）、反面複印上紙型（p.93），刺繡完畢之後加上1cm的縫份裁剪下來。在裁好的2片表布的眼睛位置縫上珠子。

珠子　　表布（正）

刺繡的圖案，是將Small flower（p.74）的圖案自由地散布配置。直線部分是用輪廓繡（3）來刺繡。

2 將*1*的2片正面對正面重疊，留下3cm的返口，縫合起來。

3 從返口翻回正面調整形狀後，塞入手工藝用棉花，以藏針縫將返口縫合。

Margaret
香包

Page. 41

【 完成尺寸 】

11×6cm

【 25號繡線 】

DMC B5200 — 1束

【 材料 】（1個份）

表布：亞麻布（黑）— 25×10cm
0.2cm寬的緞面緞帶（喜愛的顏色）
　　— 約40cm
香氛乾燥花 — 適量

【 作法 】

1 在表布的正面、下圖的位置將圖案
（p.72）複印上去，刺繡完畢之後加
上1.5cm的縫份裁剪下來。

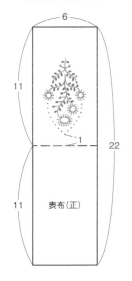

2 將袋口的部分摺成三折，車縫固定。

3 將2正面對正面對摺，兩側縫合起
來。留下0.5cm的縫份，剪掉多餘的
部分。

縫合

表布
（反）

4 將3翻回正面調整形狀，在距離兩側
邊端0.3～0.4cm的位置各車縫一道。

表布
（正）

車縫

5 裝入喜愛的香氛乾燥花之後，將袋口
用0.2cm寬的緞面緞帶打結束緊。

Whale
圍兜

Page. 43

【 完成尺寸 】

24×33cm（頭圍約21～25cm）

【 25號繡線 】

DMC 3819 — 2束

【 材料 】

表布：亞麻布（藍）— 30×25cm
裡布：亞麻布（原色）— 30×25cm
直徑4cm的圓形魔鬼氈黏扣 — 1組

【 作法 】

1 在表布的正面複印上圖案、反面複印
上紙型（p.95），刺繡完畢後加上1cm
的縫份裁剪下來。

2 將裡布用與表布一樣的方式裁剪好，和1的表布正面對正面重疊。再留下5cm的返口，縫合起來。

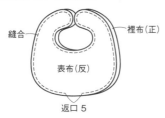

縫合

裡布（正）

表布（反）

返口 5

3 留下0.5cm的縫份，裁剪掉多餘的部分。接著再沿著曲線將縫份剪出牙口的話，就能做漂亮的曲線。

4 從返口翻回正面，以藏針縫將返口縫合起來。

5 縫上魔鬼氈黏扣。

鉤面

毛面是縫在裡布（正）上

表布（正）

Dandelion
T恤

Page. 45

【 25號繡線 】

A（綠）：DMC 3820 — 1束

B（粉紅）：DMC 502 — 1束

【 材料 】

市售的兒童用T恤

【 作法 】

在T恤喜愛的位置上將圖案（p.72）複印上去，進行刺繡。

Feather
嬰兒洋裝

Page. 47

【 25號繡線 】

DMC 758 — 3束

【 材料 】

市售的嬰兒洋裝

【 作法 】

在嬰兒洋裝下擺喜愛的位置，將圖案（p.75）均衡地複印上去，進行刺繡。

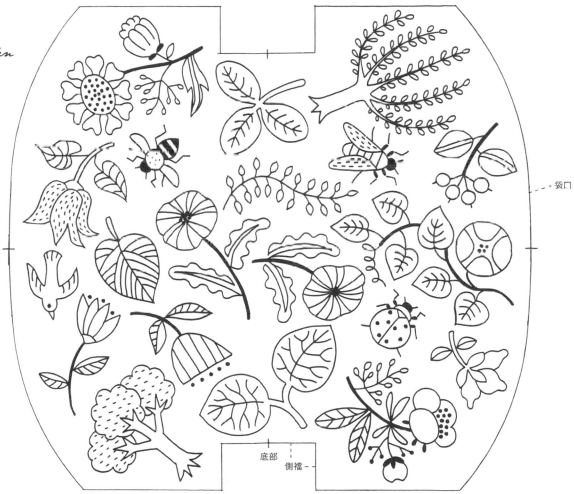

〈 紙型 〉

Botanical garden

蛙口收納包
Page.56

◎放大至200%
◎刺繡方法參照p.58

袋口

底部
側襠

91

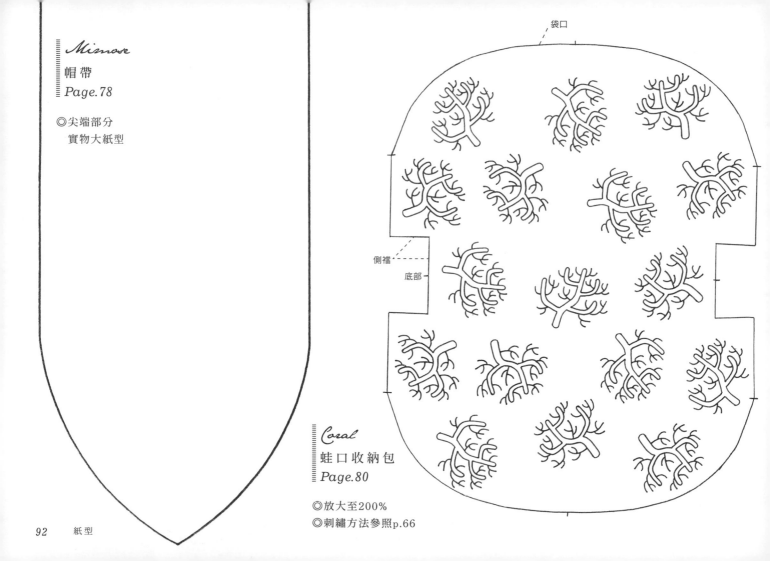

Mimose

帽帶

Page.78

◎尖端部分
　實物大紙型

袋口

側襠

底部

Coral

蛙口收納包

Page.80

◎放大至200%
◎刺繡方法參照p.66

Soft flower

裝飾領片

Page.78

◎放大至200%
◎刺繡方法
　參照p.64

Birds

飾品

Page.88

◎實物大紙型

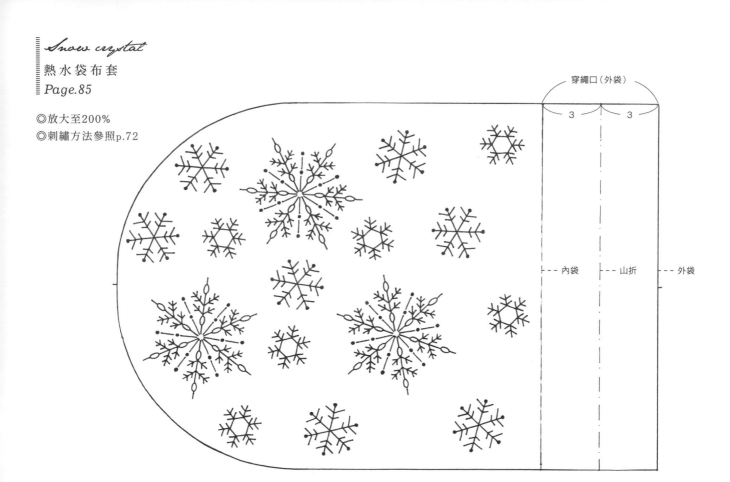

Snow crystal

熱水袋布套
Page.85

◎放大至200%
◎刺繡方法參照p.72

穿繩口（外袋）

3　　3

內袋　　山折　　外袋

Whale

圍兜

Page.89

◎放大至200%
◎刺繡方法參照p.75

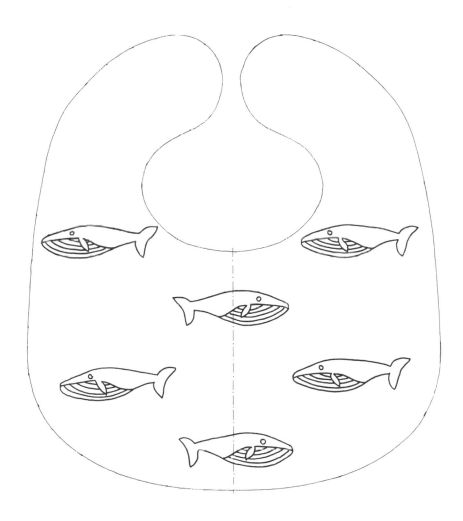

樋口愉美子（Yumiko Higuchi）

1975年生。多摩美術大學畢業後，成為手作包包設計
師，在商店銷售作品並舉辦作品展。2008年起開始以
刺繡作家之身分展開活動，發表以植物和昆蟲等生物
為主題的原創刺繡作品。

http://yumikohiguchi.com

簡約輕手作 單色刺繡圖案集
2019年10月1日初版第一刷發行

作　　者　樋口愉美子
譯　　者　許倩珮
編　　輯　曾羽辰
美術編輯　黃郁琇
發 行 人　南部裕
發 行 所　台灣東販股份有限公司
　　　　　＜地址＞台北市南京東路4段130號2F-1
　　　　　＜電話＞(02)2577-8878
　　　　　＜傳眞＞(02)2577-8896
　　　　　＜網址＞http://www.tohan.com.tw
郵撥帳號　1405049-4
法律顧問　蕭雄淋律師
總 經 銷　聯合發行股份有限公司
　　　　　＜電話＞(02)2917-8022

材料協力　　DMC
　　　　　　http://www.dmc.com
　　　　　　http://www.dmc-kk.com

發行人　　　大沼 淳
書籍設計　　塚田佳奈（ME&MIRACO）
攝影　　　　masaco
造型　　　　前田かおり
髮妝　　　　KOMAKI
模特兒　　　Rachel MacMaster（Sugar&Spice）
描圖&DTP　土屋裕子（WADE）
校閱　　　　向井雅子
編輯　　　　土屋まり子（3Season）
　　　　　　西森知子（文化出版局）

國家圖書館出版品預行編目資料

簡約輕手作 單色刺繡圖案集 ╱ 樋口
愉美子設計.製作；許倩珮譯. -- 初
版. -- 臺北市：臺灣東販, 2019.10
96面；21×14.7公分
ISBN 978-986-511-133-5(平裝)

1.刺繡 2.手工藝 3.圖案

426.2　　　　　　　　108014604

ISSHOKU SHISHU TO CHIISANA ZAKKA
© EDUCATIONAL FOUNDATION
BUNKA GAKUEN BUNKA PUBLISHING BUREAU 2013
Originally published in Japan in 2013 by EDUCATIONAL FOUNDATION BUNKA
GAKUEN BUNKA PUBLISHING BUREAU.
Chinese translation rights arranged through TOHAN CORPORATION, TOKYO.